BEI GRIN MACHT SICH IHR WISSEN BEZAHLT

- Wir veröffentlichen Ihre Hausarbeit, Bachelor- und Masterarbeit

- Ihr eigenes eBook und Buch - weltweit in allen wichtigen Shops

- Verdienen Sie an jedem Verkauf

Jetzt bei www.GRIN.com hochladen und kostenlos publizieren

Ina Bartels

Klassische Medien kreativ nutzen

Die Bedeutung und Verwendung der Karte im Geographieunterricht

GRIN Verlag

Bibliografische Information der Deutschen Nationalbibliothek:

Die Deutsche Bibliothek verzeichnet diese Publikation in der Deutschen National-
bibliografie; detaillierte bibliografische Daten sind im Internet über http://dnb.d-
nb.de/ abrufbar.

Dieses Werk sowie alle darin enthaltenen einzelnen Beiträge und Abbildungen
sind urheberrechtlich geschützt. Jede Verwertung, die nicht ausdrücklich vom
Urheberrechtsschutz zugelassen ist, bedarf der vorherigen Zustimmung des Verla-
ges. Das gilt insbesondere für Vervielfältigungen, Bearbeitungen, Übersetzungen,
Mikroverfilmungen, Auswertungen durch Datenbanken und für die Einspeicherung
und Verarbeitung in elektronische Systeme. Alle Rechte, auch die des auszugsweisen
Nachdrucks, der fotomechanischen Wiedergabe (einschließlich Mikrokopie) sowie
der Auswertung durch Datenbanken oder ähnliche Einrichtungen, vorbehalten.

Impressum:

Copyright © 2007 GRIN Verlag GmbH
Druck und Bindung: Books on Demand GmbH, Norderstedt Germany
ISBN: 978-3-640-52975-9

Dieses Buch bei GRIN:

http://www.grin.com/de/e-book/83658/klassische-medien-kreativ-nutzen

Klassische Medien kreativ nutzen

Die Bedeutung und Verwendung der Karte im Geographieunterricht

Ina Bartels

Fächerübergreifender Bachelor

Semesterzahl: 04

Fächer: Germanistik/Geographie

Leibniz Universität Hannover   SS 07

Didaktik der Geographie

Aspekte der Unterrichtsvorbereitung

1. Einleitung

Diese Seminararbeit beschäftigt sich mit dem Thema „Klassische Medien kreativ nutzen – die Bedeutung und Verwendung der Karte im Geographieunterricht". Zu Beginn wird der funktionsgerechte Einsatz von Medien, wie Brucker ihn für empfehlenswert hält, wiedergegeben, um dem Leser einen Einstieg in den Themenkomplex klassischer Medien zu ermöglichen. Im Anschluss daran folgt die beispielhafte Betrachtung eines klassischen Mediums. Hierbei handelt es sich um die Karte, welche anfangs auf ihre Funktion und Eigenschaften (Definition) hin analysiert werden, um dann im einem weiteren Schritt die Kartenkompetenz und ihre Funktion in der Schule zu untersuchen. Abschließend werden die methodischen Wege zur Vermittlung der Kartenkompetenz vorgestellt. Die Seminararbeit schließt dann mit einem Fazit zu den erarbeiteten Inhalten ab.

2. Der funktionsgerechte Einsatz von Medien nach Brucker (HAUBRICH 2006: 174)

Im folgenden Abschnitt wird die Position zum funktionsgerechten Einsatz von Medien im Unterricht nach A. Brucker wiedergegeben.

Laut Brucker handelt es sich bei Medien um Informationsträger, die dort eingesetzt werden, wo die originale Begegnung mit dem Lehrgegenstand nicht zu realisieren ist. Dabei dienen sie vor allem auch zur Informationsbeschaffung und Informationsvermittlung. Letzteres kann dabei personal über technische und nichttechnische Medien erfolgen. Die Aufnahme durch den Schüler geschieht dabei auditiv, audio-visuell und haptisch.

Medien können Informationen in verschiedenen Formen wiedergeben (Wort, Bild, Karte, etc.). Entscheidend ist dabei, dass die Form trotz identischer Information variieren kann (Bsp.: Bevölkerungswachstum lässt sich sowohl in Zahlen, als auch in verschiedenen Diagrammtypen visualisieren). Unterschieden werden die verschiedenen Medien lediglich durch den Grad der Abstraktion, sowie ihrem Handlungs-, Beobachtungs- und Symbolcharakter.

Nach dieser allgemeinen Definition der Medien beschäftigt sich Brucker mit der Medienklassifikation. Diese ordnet die Vielfalt der Medien systematisch, um bei der Unterrichtsvorbereitung unterstützend zu wirken. Anhand der Systematisierung kann ein Unterricht, der nur sinnlicher Ausrichtung oder dessen Abstraktionsgrad zu hoch ist, analysiert und verbessert werden. In diesem Zusammenhang geht Brucker in der Folge auf die Funktionsmerkmale von Unterrichtsmedien ein. Hier stellt er die Objektivierung der Lehrinhalte und deren Reproduzierbarkeit, die Perfektion der Darbietung der Lehrinhalte und die Intensivierung, sowie Individualisierung des Lernprozesses als Funktionsmerkmale heraus. Aus dieser Position als Informationsträger, ist es den Medien möglich, Kommunikationen und Handlungsprozesse bei allen Nutzern freizusetzen. Der Einsatz von Medien bringt jedoch, laut Brucker, auch Veränderungen mit in den Unterricht. Bei der Gestaltung des Unterrichts mit verschiedenen Medien verliert der Lehrer seine Rolle als dominierendes Medium. Sie verändert sich hin zu einem Moderator, der die Planung des effektiven Einsatzes der Medien übernimmt. Außerdem muss er nun die Informationsverarbeitung initiieren und den Schülern den selbstständigen Umgang mit den verwendeten Medien ermöglichen. Am wichtigsten sind dabei jedoch der kritische Umgang und die Auseinandersetzung mit den Medien. Das Ziel ist dann, den Schüler so zu fördern, dass er Zusammenhänge und Sachverhalte der Medien beschreiben, interpretieren, bewerten und verbalisieren kann.

Als abschließenden Punkt spricht Brucker noch den Medienverbund an. Dieser soll das Ziel haben, den Lernprozess zu intensivieren. Begründet wird dies durch die Strukturmerkmale eines jeden Mediums. Einzeln genutzt bildet das Medium eine unvollständige Informationsstruktur, die erst durch den Verbund komplettiert werden kann. Ein weiterer Vorteil des Medienverbundes sind die multisensorische Wahrnehmungsfähigkeit und unterschiedlichen Abstraktionsniveaus, die es ermöglichen, die unterschiedlichen Schülerbegabungen anzusprechen und zu fördern. Als Folge ergibt sich eine Differenzierung und Leistungssteigerung für jeden einzelnen Schüler.

3. Beispielhafte Betrachtung des klassischen Mediums Karte

Im folgenden Teil der Seminararbeit wird ein klassisches Medium, hier die Karte, genauer untersucht. An die Grundlagen (Kartendefinition, Karteneigenschaften und Funktion) schließt sich die Ausarbeitung der Kartenkompetenz und ihre Funktion für die Schule und die Schüler an. Abschließend geht es darum, verschiedene Methoden zur Vermittlung von Kartenkompetenzen zu betrachten und gegenüberzustellen.

3.1 Kartendefinition, Eigenschaften und Funktion im Allgemeinen

Die Karte ist „ein verebnetes, maßstabsgebundenes, generalisiertes und inhaltlich begrenztes Modell räumlicher Informationen" (HÜTTERMANN/SCHRÖDER/WILHELMY 1996: 18, zit. in HAUBRICH 2006: 196). Für die Geographie ist die Karte das wichtigste Medium zur Darstellung raumbezogener Sachverhalte. Dabei besitzt sie, im Gegensatz zu Bildern, keine expliziten Relationszeichen, sondern inhärente Struktureigenschaften. Diese stimmen mit bestimmten Struktureigenschaften des dargestellten Sachverhaltes überein. Innerhalb der Kartographie spricht man in diesem Fall davon, dass eine Karte primäre und sekundäre Informationen enthält und in diese unterschieden werden kann (vgl. HÜTTERMANN 2005: 4). Das Resultat aus dieser Tatsache ist, dass die räumliche Anordnung von Sachverhalten in Karten in räumlicher Form gezeigt werden kann (vgl. Definition oben). Dies wird in der Kartographie in chorographische und chronologische Eigenschaften unterschieden. Die chorographischen depiktionalen Repräsentationsformen haben dabei entscheidende Vorteile. Lagebezeichnungen und Informationen können anhand bestimmter Repräsentationsformen abgelesen werden, sowie die Tatsache, ob diese vollständig sind. Außerdem ist diese Repräsentationsform handfester, als vergleichbare deskriptive Formen (z.B. Texte) (vgl. HÜTTERMANN 2005: 5).

3.2 Kartenkompetenz und ihre Funktion in der Schule

Wie schon in 3.1 erwähnt ist die Karte für die Geographie das wichtigste Medium. Aus dieser Tatsache ergibt sich die so genannte Kartenkompetenz. Notwendigkeit erfährt diese aus einem noch relativ „jungen" Forschungszweig, der sich mit der Entstehung und Nutzung von *mental maps* beschäftigt. Laut Hard kam es in der Geographie zu einer Verschiebung des Schwerpunktes von der Raumwissenschaft zu einer Sozialwissenschaft. Dabei orientiere sich das Verhalten und Handeln nicht an der wirklichen Welt, sondern an „inneren Modellen". Durch soziale und verhaltenwissenschaftliche Betrachtung wird das „Realmilieu" durch ein „Psychomilieu" ersetz (*mental map*). Hierbei entsteht jedoch das Problem, dass die Kartenmetaphorik zu der falschen Annahme führt, dass „diese wertbesetzten „inneren Repräsentationen der Außenwelt" (…) im Normalfall kartographischer Art" sind (HARD 1988: 14-17, zit. nach SCHULTZE 1996: 216). Richtig dagegen ist, dass *metal maps* Repräsentationen erdräumlicher Anordnungen materieller Objekte darstellen. Vergleicht man nun, laut Hard, die *mental maps* mit dem *real territory*, fällt auf, dass die *mental maps* nicht mit der Wirklichkeit übereinstimmen, sondern auf unterschiedliche Weisen, nämlich abhängig vom Betrachter/Nutzer der *mental map*, ungenau (lückenhaft) und verzerrt sind (vgl. Ebd).

Aus diesen *mental maps* ergibt sich nun die Notwenigkeit der Vermittlung von Kartenkompetenzen im Geographieunterricht. Zusammengesetz wird diese Kompetenz aus drei Funktionen, die es ermöglichen Karten zu dekodieren, bewerten und einfache Formen selber anzufertigen. Im Einzelnen wird dies durch die Vermittlung, Erarbeitung und Darstellung von räumlichen Informationen erreicht. Wichtig ist in diesem Zusammenhang der Aufbau eines topographischen Orientierungsparameters, der durch die Aneignung eines Lagebildes der Welt und ihrer Regionen etabliert werden kann. Abschließend muss noch die Vermittlung von Kenntnissen über Karten und die Fähigkeit zum Umgang mit Karten geschult werden, damit die Schüler eine gute Kartenkompetenz ausbilden können (vgl. HAUBRICH 2006: 196). Ein Nachteil der Karte ist ihr hoher Abstraktionsgrad, der die Verknüpfung der Realität mit dem

Karteninhalt erschwert. Daher sollte die Auseinandersetzung mit Karten mit Hilfe von karten-kundlichen Fragen geschehen. Zum einen gilt es, Kartographische Grundlagen (Grundrissdar-stellung, Verkleinerung und Maßstäbe, Generalisierung, etc.) zu besprechen, um dann die Gestaltungsmittel (Schrift, Diagramme, etc.) und Gestaltungsmethoden (Regeln zum sortie-ren/gruppieren/positionieren, etc.) zu erarbeiten. Dem Schüler muss in dieser Phase gleichzei-tig verdeutlicht werden, dass Karten kein wissenschaftliches Mittel zur Abbildung der Realität sind, sondern „verschiedene Kartenmittelpunkte verschiedene Weltwahrnehmungen provozie-ren" (HAUBRICH 2006: 196). Als einen Lösungsansatz sieht Haubrich die Verwendung von nicht-Eu-zentrierten Karten, sowie einen ständigen Maßstabswechsel. Wichtig aber nicht er-wähnt, ist aber auch die Konfrontation verschiedener Projektionsarten, um den Schülern zu zeigen, wie Karten die Realität verzerren können.

Abschließend kann also festgestellt werden, dass der Aufbau eines geographischen Weltbildes (*mental maps*) und subjektiver Karten in den Köpfen der Schüler von enormer Wichtigkeit ist, damit sie in der Lage sind „aktuelle Informationen in ein bereits existierendes Grundmuster angemessen einbauen zu können" (HAUBRICH 2006: 197).

3.3 Methodische Wege/Beispiele zur Vermittlung von Kartenverständnis und -kompetenzen

Das Ziel der Vermittlung von Kartenverständnis und Kartenkompetenzen liegen darin, dem Schüler die kognitive Verbindung zwischen der abstrakten Darstellung auf Karten und der Wirklichkeit zu ermöglichen.

Auf dem Weg zum/zur Kartenverständnis/-kompetenz können verschiedene Verfahren von den Lehrenden eingesetzt werden. So findet sich bei Lenz ein Ansatz, der sich mit dem syn-thetischen, analytischen und genetischen Verfahren beschäftigt (vgl. HAUBRICH 2006: 197). Das synthetische Verfahren geht dabei von der anschaulichen und handlungsorientierten Vermittlung der Einzelelemente der dargestellten Sachverhalte in Karten aus. Diese werden systematisch in minimalen, logisch aufeinander aufbauenden Einzelschritten mit den Schülern erarbeitet, bzw. von der Lehrperson vermittelt. Zu diesen aufbauenden Einzelschritten gehört die Darstellung eines bekannten Raumes in einem verkleinerten Modell. Darauf aufbauend werden die Landschafts- und Siedlungselemente durch orthogonale Projektion auf eine Fläche übertragen. Im Anschluss werden damit auftretende Probleme verdeutlicht und abschließend mit der Klasse gemeinsam diskutiert, um eventuell Lösungsansätze zu finden.

Das analytische Verfahren beruht auf dem direkten Vergleich der beobachteten und wahrge-nommenen Wirklichkeit und deren Wiedergabe auf der Karte. Dabei können die charakteristi-schen Eigenschaften und Beschränkungen der Karte bei der Darstellung (z.B. Übertragung vom Bild in eine Karte) erkennbar werden. Bei diesem Ansatz steht die praktische Orientierung, also die Anwendung und Übertragung von der Karte in die Wirklichkeit, im Vordergrund.

Das genetische Verfahren orientiert sich dagegen am Raumerleben und der Raumvorstellung des Schülers. Dabei geht man von einer kartenähnlichen Darstellung aus, die ein Produkt des Schülers ist. Durch dieses Verfahren der Karten-Selbstherstellung erfahren die Schüler, welche Probleme beim Erstellen einer Karte und dem Übertragen von der Wirklichkeit in die Karte auftreten können. In der Folge beschäftigen sich die Schüler mit kreativen Lösungsätzen, bei denen sie die Kartenkompetenz selbständig weiterentwickeln können.

In der Praxis jedoch wird idealerweise mit einem integrierten Verfahren gearbeitet. Dieses hat den großen Vorteil, alle drei Verfahren zu nutzen. Dadurch werden, wie von Brucker gefordert, verschiedene Aufnahmesinne angesprochen. Damit verbunden findet ein optimaler Lernprozess statt, der die differenten Schülerbegabungen anspricht und eine individuelle Leistungssteigerung zulässt.

Von einem etwas anderen Ansatz geht dagegen Hard aus. Er beschreibt in seinem Aufsatz „Umweltwahrnehmung und „*mental maps*" im Geographieunterricht" drei Paradigmen (Anknüpfungs- und Korrekturparadigma, Spuren(sicherungs)paradigma, Relativierungsparadigma), von denen aus die Kartenkompetenz der Schüler aufgebaut werden soll.

Beim Anknüpfungs- und Korrekturparadigma setzt der Lehrende seinen Unterricht direkt bei den *mental maps* seiner Schüler an, die aus schulischem und außerschulischem Wissen zusammengesetzt sind. In einer darauf folgenden Karten-Transformation wird die *mental map* des Schülers der „idealen" *mental map* des Lehrenden angeglichen.

Das Spurensicherungsparadigma dagegen versucht, den Gegenständen der Alltagswelt eine nicht „normale" Wahrnehmbarkeit, Lesbarkeit und Interpretierbarkeit abzugewinnen (Perspektivenwechsel). Entscheidend ist hier, dass die *mental map* nicht umgezeichnet, sondern das Wissen einer schon vorhandenen *mental map* vertieft wird, wodurch sich die ausgangs *mental map* ändert, bzw. weiterentwickelt. Diese Vertiefung geschieht durch das Lesen, Wahrnehmen und Interpretieren von „Spuren" in der Umwelt.

Das Relativierungsparadigma soll schließlich die Umweltwahrnehmung der Schüler nicht nur korrigieren, sonder durch das Spurenlesen intensivieren, um so auf die Urheber (Verursacher/Ursprünge) zu stoßen und diese zu erkennen (vgl. HARD 1988: 14-17, nach SCHULTZE 1996: 217-220).

Aus diesen drei Paradigmen leitet Hard das Unterrichtsprinzip „Umweltwahrnehmung" ab. Entscheidend ist dabei für ihn das Vergleichen, Ergänzen und Korrigieren der der *metal maps* als Unterrichtsinhalt, der auf verschiedene Länder, Regionen, etc. bezogen werden soll. Außerdem sollten alle länderkundlichen Informationen durch bestimmte Fragen an die eigene *mental map* betrachtet werden. Hier gilt es zuerst zu fragen, für wen und welche Zwecke, bzw. welche Situation diese *mental map* brauchbar ist oder nicht. Wichtig ist aber auch zu hinterfragen, welche und wessen Fragen beantwortete werden und ob diese Fragen mit denen des Unterrichts und unserer *mental map* identisch ist. Beim weiterführenden Nachdenken sollte die Frage auftauchen, ob sich uns noch weitere Fragen, die noch nicht gestellt wurden, wichtig erscheinen, sowie mit welcher Quelle unsere Fragen überhaupt beantwortet werden können. Für Hard führen die Paradigmen mit dem Unterrichtsprinzip zu einem „aktiveren" länderkundlichen und landeskundlichen Unterricht. Die Frage, die sich hier aufwirft, ist jedoch, ob dieser geographische Ansatz noch aktuell in die Lehrpläne passt, oder ob er nur noch in Teilen in den aktuellen Unterricht mit einfließen kann.

Ein dritter und letzter Weg zur Kartenkompetenz kommt von Haubrich selbst. Seine Stichworte bei der Entwicklung von Kartenkompetenzen sind die Progression und Kompetenzstufen. Haubrich geht von einer kartendidaktischen Progression aus, die sich auf den Karteninhalt und die Kartengestaltung bezieht. Folgendes Grundprinzip wird dazu von Haubrich formuliert: „Als Grundprinzip einer Progression kann in beiden Fällen nur das Prinzip gelten, dass Progression eine Zunahme an Komplexität und eine Abnahme von Anschaulichkeit bedeutet" (vgl. HAUBRICH 2005: 6). Dieses Grundprinzip lehnt er an Lenz an und kann dadurch Punkte der Progression zum Karteninhalt und der kartographischen Darstellung benennen. Beim Karteninhalt bedeutet dies eine Progression von konkreten zu abstrakten, von statischen zu dynamischen Erscheinungen, sowie durch eine Zunahme der Informationsfülle und Informationsdichte.

In der kartographischen Darstellung verläuft die Progression ähnlich. Hier entwickeln sich die Darstellungsmittel von konkreten zu abstrakten, aus einschichtigen werden mehrschichtige Karten, analytische werden zu komplexen Karten. Außerdem nimmt die Redundanz ab. Entscheidend bei diesem Ansatz ist, dass Haubrich darauf hinweist, dass die Progression keines Falls so verstanden werden soll, dass der Lehrende Schritt für Schritt vorgehen soll, sondern die Progression der jeweiligen Lernsituation anpassen muss.

5. Fazit

Unumstritten bleibt abschließend die Tatsache, dass die Karte das wichtigste Medium der Geographie und vor allem auch des Geographieunterrichts ist und in Zukunft sein wird. Sicherlich wird sich die klassische Karte (Wandkarte, Atlaskarte,...) eine Rolle im zukünftigen

Geographieunterricht spielen, doch diese wird eine veränderte sein. Durch den unumgänglichen Einfluss der neuen Medien zieht auch in diesen Bereich die Digitalisierung ein. Dadurch wird sich einmal die Nutzung der Karte verändern. Statt den Atlas rauszuholen werden viele einfach die digitale Karte an die Wand projizieren. Eine von Hand gezeichnete Karte wird sicherlich genau so die Ausnahme sein, wie eine kostenintensive Exkursion. Doch diese „düsteren" Aussichten liegen, hoffentlich, in ferner Zukunft. Schließlich sollte immer bedacht werden, dass nur eine Mischung aus verschiedenen Medien den optimalen Unterricht schafft. Der Medienverbund wird aber nicht mehr nur aus den klassischen Medien bestehen, vielmehr wird die Herausforderung kommender Generationen darin liegen, die Kartenkompetenzen mit einem Verbund von klassischen und neue Medien zu vermitteln.

Wichtig erscheint dabei die Tatsache, dass die *mental maps* der Schüler eine immer größere Rolle spielen werden. Die Schwierigkeit wird sein, die jetzt schon stark differierenden *mental maps* der Schüler so mit in den Unterricht und die Themen mit einzubinden, dass jeder optimal gefordert und gefördert wird.

Um die geforderten Kartenkompetenzen bei den Schülern überhaupt zu erreichen, bedarf es jedoch zwei Grundbedingungen. Zum einen sollten die Schüler so früh wie möglich mit Karten in Berührung gebracht werden und mit einem Progressions- und Kompetenzstufenmodell (vgl. Haubrich) gefördert werden. Dabei erscheint es wichtig, die Progression auf die Altersstufen umzulegen, und entsprechend der „Fähigkeiten" die Kartenkompetenz stufenweise aufzubauen. Am Ende der Schullaufbahn sollte ein Schüler in der Lage sein Karten lesen, Inhalte interpretieren und in der Wirklichkeit wieder finden zu können. Das Erstellen eigener Karten ist dabei ein wichtiges Hilfsmittel Probleme zu erkennen und zu lösen. Wichtig ist in diesem Zusammenhang, dass der Lehrer, wie von Haubrich gefordert, nicht einen Schritt für Schritt Kartenkurs vornimmt, sondern sich immer den Wissensgegebenheiten seiner Schüler anpasst, das finale Ziel sollte aber dennoch die vollständige Kartenkompetenz sein.

Zweitens müssen vor allem auch die Lehrer mit den neusten Entwicklungen im Bereich Medien vertraut und geschult sein. Oft umgehen Lehrkräfte Themen und Medien bewusst, weil sie sich mit Einzelheiten nicht auskennen und fürchten, dass Schüler dies merken. Aber gerade diese Flucht verschlimmert die Situation vor allem für die Schüler, die darauf angewiesen sind, dass der Lehrer ihnen das nötige Wissen vermitteln kann. Daher sollte sich jeder Lehrer bemühen auf dem neusten Stand zu bleiben und wenn nötig Schulungen zu den entsprechenden Themen/Medien zu belegen. Lehramtsanwärter sollten schon im Studium versuchen Defizite aufzuholen und Lehrer im Berufsleben aktiv von ihren Schulen gefördert werden.

Auf Grund der Länge der Seminararbeit, die sich während des Schreibens ergab, wurde bewusst auf praktische Unterrichtsbeispiele verzichtet. Wichtiger war die Tatsache herauszuarbeiten, was ist überhaupt eine Karte, welche Funktionen und Eigenschaften hat sie. Außerdem sollte eine Grundlage zum Thema Kartenkompetenz und deren Ansätze zur Vermittlung erarbeitet werden, um sie Bedeutung der Karte herauszustellen. Das Fazit galt schließlich der eigenen Reflexion über das Thema Medien und der Kartenkompetenz.

Literaturverzeichnis

HARD, G. 1988: Umweltwahrnehmung und „mental maps" im Geographieunterricht. In: SCHULTZE, A. (Hrsg.): 40 Texte zur Didaktik der Geographie. Gotha, Stuttgart: Klett-Perthes, S. 216-223.

HAUBRICH, H. (Hrsg.) 2006: Geographie unterrichten lernen. Die neue Didaktik der Geographie konkret. 2. erweiterte und vollständig überarbeitete Auflage. München, Düsseldorf, Stuttgart: Oldebourg.

HÜTTERMANN, A. 2005: Kartenkompetenzen: Was sollen Schüler können? In: Praxis Geographie 11(2005), S. 4-8.

HÜTTERMANN, A. 1998: Kartenlesen – (k)eine Kunst. Einführung in die Didaktik der Schulkartographie. München: Oldebourg.

Der letzte Titel wird nicht im Text verwendet, wurde aber zur Grundlagenbeschaffung gelesen.